U0097742

貓，請多指教

今天就是我們相愛的開始①

Jozy、春花媽　著

作者序

孩子好，我們就好

不知道在看各種類型動物相關的漫畫，大家會想看到的是什麼？

我自己也在想這本漫畫，需要被出版的意義是什麼？因為樹是如此珍貴。

很私人的來說，裡面有多篇幅，根本就我家漫畫寫真集，而這部分的趣味，也有點揭秘感，「一位動物溝通者怎麼跟自己動物小孩相處？」跟一般的家庭一樣嗎？這部分很不藏私地跟大家分享。

而比較想跟大家對話的，裡面也包含我一些私心。

其實春花媽跟大家一樣都是麻瓜出身的，很多事情，我也以為我做對了：像是買一個玩具回家，結果紙箱被啃得希芭爛，好像是這輩子非箱子莫屬，老娘花的錢宛如笑話。也會跟你們一樣，覺得我的寶寶看起來孤單，我要再養一個動物夥伴跟他相處。當然也有癡心煮了自以為好吃的鮮食，被孩子當作透明物的存在……

每一個孩子都不同，我並不覺得動物溝通是一個必然的選擇，但是如果做任何改變，我們如果能回到動物的身上，理解他們真正的需求，我想這部漫畫，有一些地方，是有這個企圖的，孩子好，我們就好，反過來亦然，願你們也在感受動物的萌癒力時，能夠好好的管理他們的健康與重視他們的感受，讓他的生命長度變成我們幸福的刻度。

動物溝通師

春花媽 Cat

作者序

無條件被愛

其實小時候我對貓是沒有太好印象的，大概是因為卡通裡常常扮演奸險的角色，或是貓咪瞳孔縮小時看起來兇惡的樣子，都讓我並不特別想親近他們。沒想到，一隻可憐兮兮、失去媽媽的小浪貓被帶回家裡後，原來只是要暫時收留等著送養，卻一個不小心成為家裡的一份子，又一個不小心陪著我四處搬遷，到各地去工作生活，成了我生命中重要的夥伴。

不知不覺間，因緣際會就認識更多喜愛動物的朋友，而其中又開啟我另一扇新大門的，就是「動物溝通師」春花媽。

「動物溝通」對很多人來說是難以相信的，甚至認為是怪力亂神、詐騙話術的也大有人在。不過，說不上為什麼，從我開始知道有動物溝通這個概念以來，幾乎沒有太多質疑地就接受了。大概是和貓咪一起生活的日子裡，接收到的感情和情緒都很真切的關係吧。

在一般的人際關係裡，我們很難毫無條件的愛與被愛，但是在與動物相處的過程間，卻可以常常練習接受與回饋這些情感，也填滿了心裡的許多空隙。即使動物往往讓我們花費許多金錢、時間，但能有這樣的緣分相遇，我覺得最幸運的，終究是我們人類呀！如果遇上了愛著你的動物，你便能理解這種幸運的。

畫家 Jozy

目錄

Chapter 1 貓，請多指教

Chapter 2 在前往幸福的途中

登場角色

春花家

萌萌
長子，超級媽寶。
弟控
媽寶
師
妹
命令
春花
老二，嚴師兼老闆。
春花生母
最初購買春花
的友人。
春花媽
動物溝通師。
歐歐
長女，溫柔恬靜，
超級美貓。
覺得很美

阿咪阿

二姐，個性十足，
最愛嗆媽媽。

秋秋

阿咪阿男友。

圓圓

阿咪阿女友。

小花

么女，
甜美可愛。

甜姐

最晚來到春花家的狗。

大海

五弟，常出奇不意
吐槽媽媽。

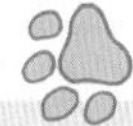

登場角色

其他

CAMA

春花家第一隻中途貓，
因受傷而接受斷尾手術。

HARU

中途貓，
春花媽第一隻小奶貓。

貓王

中途貓，
滿肚子蟲讓醫生
也驚訝不已。

谷柑媽

谷柑

出過詩集的詩貓。
單戀歐歐。

單單

中途貓，
調皮又充滿活力。

老王

春花家
家庭醫生
(西醫)。

老葉

春花家
家庭醫生
(西醫)。

我們家咻咻好奇怪，最近一直舔毛舔不停，
我舔
我舔
生活跟身體狀況都沒有特別變化啊？

你們家是不是有陽台？
有，怎麼了？

有一隻小黃貓會來找咻咻玩對嗎？
有耶，一隻白底小黃貓！

他們會一起聊天，
咻咻很喜歡他，
還問他，為什麼
可以這麼白呢？

只要多多舔毛，
就可以和我一樣
白喔！
啥！

不要亂教我
女兒啦！
笑死我了！
謝謝妳，這樣
我安心了！
咻咻很可愛呢，
也謝謝你們唷！

呼，今天的工作都結束了！
萌萌你來啦？
媽媽工作結束了對嗎？
是呀！
摸摸我！
我是春花媽，一名動物溝通師。
萌萌餓了嗎我來做飯
好！
顧名思義，從事著與動物溝通的工作，擔任人與動物間的橋樑。

動物溝通並不是什麼神祕的法術，相反地，是單純與動物間的直接交流。
嗯，今天煮雞肉跟番茄

藉由理解動物們的心裡話，讓家長可以調整自己照顧與相處方式。

大家吃飯囉

這是一個圍繞著我家寶貝，與其他貓咪、狗狗們，
充滿歡笑樂趣的日常故事，歡迎你和我們一起享受美好生活！
今天很捧場呢

Chapter 1

貓，請多指教

貓，請多指教

仔細聽，每一聲喵都是愛

養每一位貓咪都是一場考驗。
在萌萌、春花、歐歐與逆女阿咪阿的教育下，
春花媽還記得自己是人還是貓……嗎？
且看這完美教育的養成！

萌萌來了①
颱風小橘貓

春花家最年長的萌萌，是隻難得一見的瘦橘貓，
公狗腰
超級媽寶。

本來我對貓並沒有特別愛好，直到同事養了兩隻小貓，
你看，這是我接回來的小貓！
喔？

天啊啊好可愛！
閃閃
惹人愛
不小心「碰」地一下變成了貓奴。

拜託讓我在公司養貓好嗎？
我會負責的！工作加倍認真！
……
老闆
最後還是答應了。

終於有一天，
有一隻好可愛的小橘貓待認養耶！
在哪！

那是一隻在颱風天被救援的小貓，
他全身溼透，睜著藍眼睛喵喵叫著。

歡迎來到這裡，以後就叫你「萌萌」吧！
用力吃
拼命吃
食物還有很多，不用著急喔！

因為小萌萌的眼睛非常藍，我常常和他說英文。
Hi, how's your day?
You are my baby!
Are you hungry?
?
妳有毛病嗎

萌萌喜歡在鍵盤
上睡覺，

最愛玩滑鼠，
我拍
我拍

任何縫隙都是他
的祕密基地，
哇，萌萌怎麼
在這裡呀！

開會時也會陪伴
著大家。

我先走囉！
好唷。
拿出

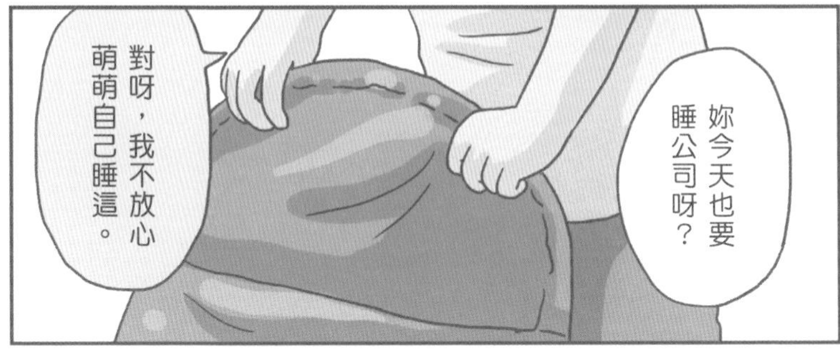
妳今天也要睡公司呀？
對呀，我不放心萌萌自己睡這。

哇，妳真的會把他養成媽寶的！
要睡覺了嗎

沒關係，你永遠是我最心愛的小媽寶！

萌萌來了②
媽寶的另一面

然而，
溫柔可愛的萌
萌，也有變臉
的時候。

不論是新來
的弟弟，
別靠近我
春花

新來的妹妹，
喵吼吼吼
歐歐

中途的貓咪⋯
膽敢在我面前撒野！
芹菜

好了！隔離隔離！
關上
喵吼吼吼吼！

萌萌呀，不要這麼兇嘛，
躁動
打架會受傷呢！

討厭！叫他走開！
唉唷，可是…

每隻貓都有自己獨特的個性，不是要求他們就能輕易改變。
出來！
出來！
好啦，冷靜點，
萌萌討厭新貓的情況持續了許多年，當媽的也只得做好隔離措施了。

萌萌來了③
討厭醫生

醫生，我帶萌萌來了！
！

那個…我今天休假…
躲起
別這樣啦！醫生！

萌萌與獸醫的不解之仇，起源於他的結紮手術。
好，可以縫合了。
是

咦，等等！
睜眼
貓怎麼在動！

喵嗚！
糟糕！他醒了！
手忙
腳亂
快壓住！
這不合理啊！
喵嗚！

因為你的貓對麻醉特別有免疫力，
要縫合時就甦醒了……
喵嗚嗚！
咦！他還好嗎？

勉強完成手術了，
但恐怕嚇得不輕啊。
喵吼吼吼！

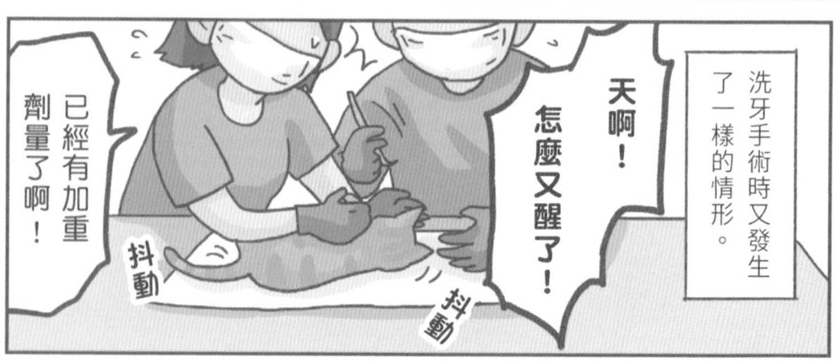
洗牙手術時又發生了一樣的情形。
天啊！
怎麼又醒了！
已經有加重劑量了啊！
抖動
抖動

下一位，
萌萌！

醫生，
我來了……
嚴陣以待
醫勢浩大
後來每次就診，醫院都會出動四到六名人力。

萌萌呀，
醫生是為了照顧你的健康，才要打針的呀，
不要欺負他們好嗎？
媽媽，
我不是故意的，可是好可怕！

媽媽知道你會害怕，
沒關係，我們一起慢慢勇敢，好嗎？
我愛你唷！
嗯！

萌萌來了④ 與疾病相處

啪噠
砰
啪噠
啪噠
砰
我跑
你追

萌萌是隻精力旺盛又健康活潑的貓。
再繼續跑嘛！我還想玩！
我好累！你自己去玩啦！
喘
喘

直到兩歲後的某一天，
哇！你怎麼又吐了？
嘔

醫生，萌萌已經連續吐了好多天了，該怎麼辦呢？
初步判斷是腸胃比較敏感，可以先調整他的飲食試試看。

我開始認真對貓咪飲食做功課。
原來如此……
萌萌說不定是對某些穀物有不耐症，那我先換成無穀飼料試試看。

罐頭有助於補充水分，來多買幾款看萌萌喜歡吃什麼。
還有分主食罐跟副食罐呢。

幾週後。
嚼
嚼
嗯，調整過後現在大概三到四天才會吐一次。
有進步了

然而……
經過化驗，萌萌罹患的是慢性腸道炎症(IBD)。
這是很難根治的疾病……

IBD會造成貓咪長期嘔吐、腹瀉等，需經由藥物控制與飲食管理，來抑制病情。
拍
拍
另外，我也嘗試中醫調理，改善萌萌的腸胃狀態。
讓萌萌一直吃類固醇好像也不太好，
希望能有更減少他負擔的方式…
那麼，考慮到
萌萌 腸胃不好，
歐歐 最近也會吐，
阿咪阿 要控制體重，
自己來煮貓飯吧！
於是，我循序漸進將全家都改為全鮮食，
花費許多時間和心血，才慢慢讓貓咪們接受。

為了更好掌握萌萌的病況與陪伴貓咪們，
我下定決心改為在家接案工作。

一年半後。
以罹患IBD的貓咪來說，現在可以控制到一至三週才吐一次，算是非常棒了！
太好了！
我會繼續努力！

動物有許多的慢性病，一輩子都無法痊癒，有時我也感到非常沮喪。
唉，
媽媽就是不忍心看到你生病呀⋯
？

疾病是種禮物，教導我們除了當爸媽，還要當可以和疾病相處的爸媽，
讓我們和孩子一起加油吧！

春花來了①

意外的包裹

我想要養這隻小貓，很可愛吧！好像是扁臉貓的樣子！

鑾可愛的耶！長得很乖的感覺。
原本春花是朋友想要養的貓咪。

上次妳說的小貓，後來有要養嗎？
有呀，賣家在高雄，說之後會送來台北。

品種貓狗由於基因關係，常有遺傳性疾病問題，飼養前需做好功課，並加倍細心。

接貓的日子終於到來。
嗨，在這！
台北車站

賣家已經到了嗎？
他說在寄物中心那邊，我們去找他吧。

好像沒看到人，我和他聯絡一下。
寄物中心

咦？貓已經到啦！
有嗎？我沒看到你呀？
我沒有去啦，貓在寄物中心，妳問一下櫃台吧！

的確有今天下午寄來的，給李小姐的包裹，在這裡。
寄來的!?

天啊！怎麼會用寄的！
手忙
太離譜了吧！貓怎麼受得了！
真是太過分了！把小貓當什麼呀！
腳亂

真的在裡面啊！
快看看小貓還好嗎？

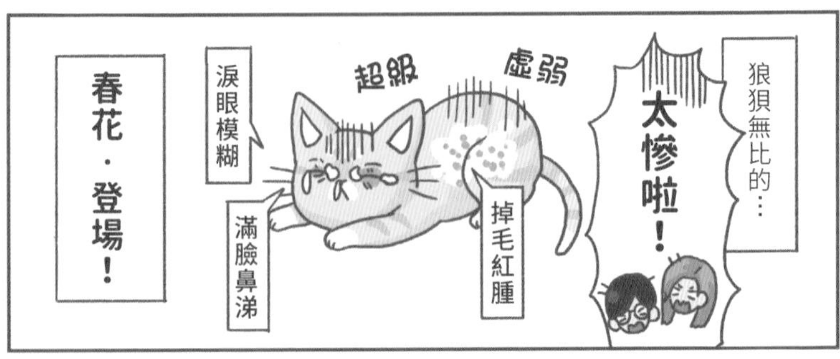
狼狽無比的…
太慘啦！
超級
虛弱
淚眼模糊
掉毛紅腫
滿臉鼻涕
春花．登場！

春花來了②
初次見面

滿心歡喜地迎接
新貓咪，沒想到…

這隻小貓有嚴重的
皮膚發霉、過敏，
加上皰疹病毒，免疫
力很不好…
你們要有心理
準備，得花許多
時間慢慢調養。

你真的太過分了，
哪有人這樣寄動物！
貓咪還病懨懨的！
那不然妳要換
別隻貓嗎？
這不是換不換的
問題！我還是會
養他的！

我一定會好好把你
養大的，你也要加油
呀！小貓咪！
是呀，花時間
好好調養，就
會慢慢變好的。

兩人商量後，因為我有帶小貓的經驗，決定先讓春花住在我公司一陣子。
嗚嗚嗚…
別太擔心了。
氣死我了，無良賣家！

像春花這樣子的小貓，世界上還有許多。
在基因缺陷下被繁殖的動物們，他們可愛的外表背後，常有天生殘缺的問題。

萌萌，我回來了！

你看媽媽帶了誰回來呀？
喵！
喵！
喵！
好好好，你很期待唷？

鏘鏘鏘鏘！我帶了一隻小貓來陪你玩喔！
要一起當好朋友喔！

嘎啊啊啊啊！
喵吼吼吼！
各位爸媽千萬別犯這種錯誤啊。

春花來了③

苦兒抗病記

這些都是感染皰疹病毒的典型病徵，貓咪免疫力低落時更容易發生。

看起來像感冒，但若嚴重，可能轉變為結膜炎、角膜炎等。

還是得帶給醫生評估治療喔！

當時春花與萌萌是服用離胺酸作為營養補充品，數年後臺灣也有引進效果更好的抗病毒藥囉。

小春花因為眼睛睜不開，又戴著頭套，常常跌倒呢。
真不知道該說好可愛還是好可憐呀⋯
撞
喵！

春花滿身發霉和過敏的程度，只能說是體無完膚。
常常是剃毛狀態

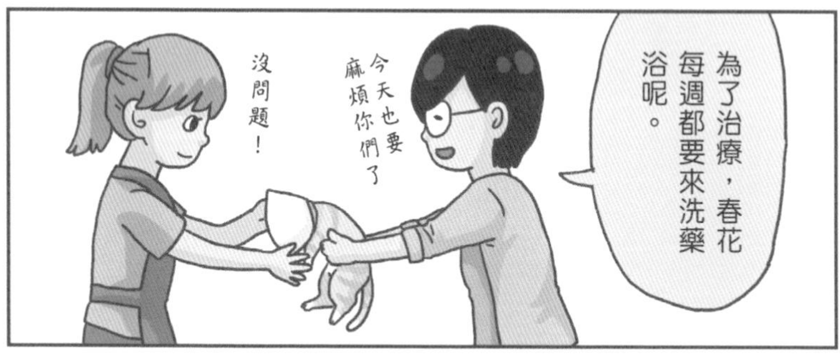
為了治療，春花每週都要來洗藥浴呢。
今天也要麻煩你們了
沒問題！

天氣一熱，黴菌就會開始反覆發作，貓咪越舔毛就越嚴重。
所以要保持環境的通風涼爽。
有風

皮膚過敏紅腫的情況，得靠維持環境清潔，來減少過敏原。

增加濕食、自煮鮮食，掌握食物的品質也很有幫助。
雖然春花一點都不領情，花了許多時間才接受鮮食。

為了免疫力不足的問題，直到春花八個月大才終於打了預防針，好在一切順利。

雖然是一段辛的時光，但當時的春花還會睡在人的胸口呢，好懷念呀！

春花來了④ 辦公室生活

哈哈，萌萌還是這麼討厭春花啊。
唉，都怪我當初沒有好好隔離，就讓他們接觸。

不過春花很討喜，所以得到很多關愛，大家都喜歡他。
小春花，來這
我們陪你玩

萌萌不會吃醋嗎？畢竟他以前是這裡唯一的貓。
唉呀，你來啦。
跳

不會喔，萌萌只要有媽媽就萬事足了！
好啦好啦，你們好閃喔！

真不好意思，結果還是又把春花帶回你公司住⋯

沒關係啦，妳看我照顧得多好呀！
吼！
我也不知道怎麼會這樣？都有照妳說的做啊。
回妳那沒幾天又要發霉了。

啊，跑走了。
又想去找萌萌了吧。
帆布袋
咬
咬

不准你來，這是我的！
喵嗚
真的是不屈不撓呢，哈哈哈！

春花來了⑤
難兄難弟

萌萌和春花相處了四個月，關係一直沒有好轉。
走開！滾邊去！
喵嗚

直到萌萌六個月大後的那天……
春花呀，我帶萌萌結紮回來囉！
?
結紮是什麼

睜眼

嗯……我怎麼了？

旁邊怎麼都白白的，我看不到其他東西了？

我頭上這……
這是什麼東西！

我的身體怎麼怪怪的！
我、
我碰不到肚子啊！

怎麼會這樣！
我的貓生要毀了嗎！

哥哥，
你怎麼也戴了
這個奇怪的裙子？
這小鬼一直都
戴著這麼可怕
的東西嗎！
從今以後，我們
就同為天涯淪落
貓了！
?
這世界好可怕！
太險惡了！
嗚嗚…
嗚嗚嗚…
哥哥乖乖！

萌萌、春花，
我開完會囉，你們還好嗎？

可喜可賀，可喜可賀！
珍貴的第一次親密接觸☆

春花來了⑥

相愛的練習

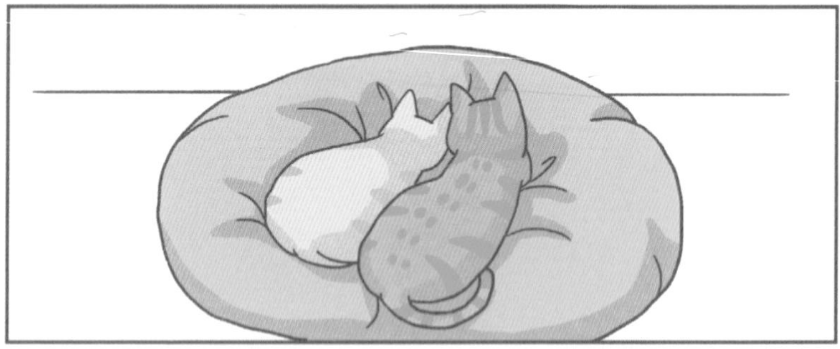

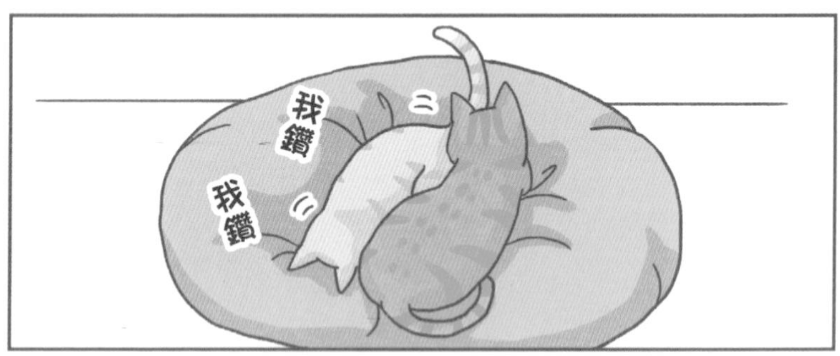

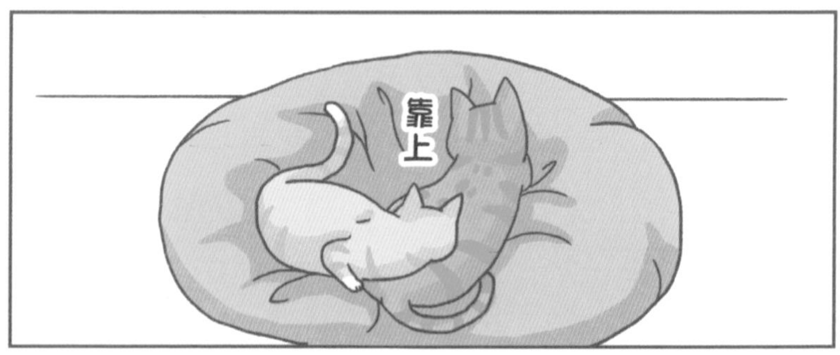

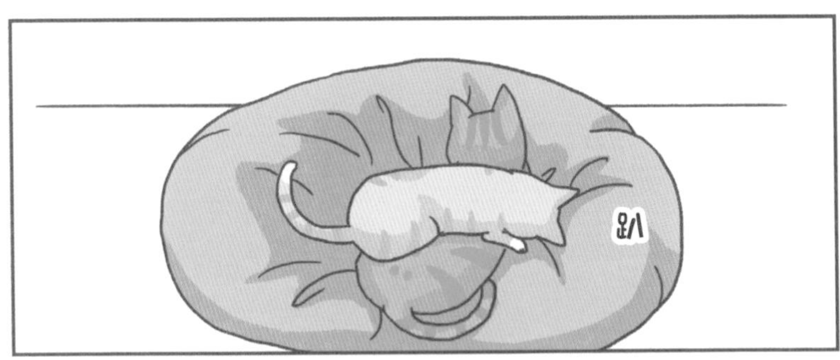
趴

整隻壓

快拍
哇，這樣壓著都不重啊？

不知不覺，手機、相機裡都充滿了他們兩貓一起的照片呢。

真是好可愛啊！
這張真懷念、這張也很棒…
那時候他們兩個還沒和好呢！

若有所思
……

好捨不得啊…
春花總有一天要回媽媽家的吧。

嗚…
我愛你們！
春花你以後也要想我喔！
？
？

春花來了⑦ 交給我吧！

舔
舔

哇，他們現在如膠似漆啊，每次看到都是黏在一起呢！
對呀，光是看著就好療癒唷！

對了，妳今天是要找我說什麼呀？
…啊、這個…

我想拜託妳一件事！
用力握

請把春花交給我吧！
我希望能繼續照顧他！

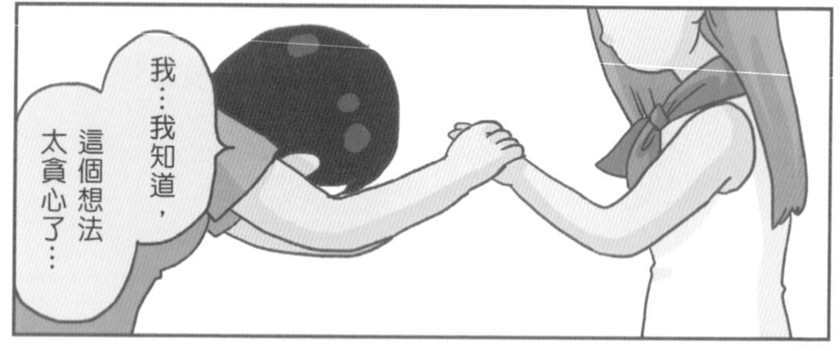
我…我知道，這個想法太貪心了…

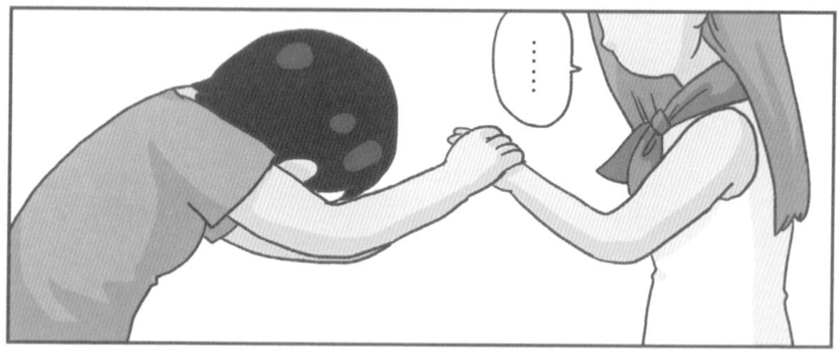
……

其實…我早就想過妳可能會這麼說了。
咦！

比起住我家的時候，感覺他更喜歡待在這裡呢。

說真的，要拆散他們，也很令人不忍心⋯

春花現在能健健康康，都是妳一手把他帶大的。

比起我，也許妳更像是春花的媽媽呢。

妳…
妳的意思是答應了嗎！

點頭
……嗯！

嗚嗚嗚！
謝謝妳！謝謝！
妳要永遠愛他喔！
我會的！

嗚嗚
嗚哇
…哥哥，他們兩個怎麼了？
不知道…

春花來了⑧

男大十八變

萌萌一歲
春花八個月

由於春花的品種關係，骨架比一般米克斯來的大。
從小饅頭變成大饅頭倒是還好，但是…

氣勢
逼人

春什麼？
表情變得好有威嚴啊…
任人揉捏的小春花一去不復返了。

除此之外，萌萌和春花的關係也有所改變了，
變成萌萌常常黏著春花。

家裡中途的小貓如果撒野，也會被春花教訓。
用力巴
不准尿在床上！滾！

喔……
看來這就表示，春花地位比較高，是老大的意思呢！
的確春花成貓後氣勢都不同了。

但是只要小貓不搗蛋得太過分，春花還是很疼愛他們。
哥哥
春花
哥哥
哥哥
中途過的小貓幾乎都非常迷戀春花。

想像圖
是一個臉很臭，卻很溺愛小孩的裫父呢！

春花變得這麼能幹，一定也是媽媽的好幫手吧？
當然囉！他每天都…

你還在睡？給我起床！
真不懂你腦袋這麼大，是用來幹嘛？
上課教材準備完了沒？你好慢！

有時間在這邊說些五四三，不如快去做完工作。
不公平啊！

歐歐來了①
第一個妹妹

由於春花與萌萌兩貓體力差距頗大，玩耍時春花總是累得一臉厭世。

她在這裡！
咦？她怎麼會在廁所裡吃飯？被隔離？

只有吃飯的時候，因為她實在太會吃，會把其他貓的飯都吃光光。
我還想吃

我看她很健康又可愛耶，怎麼會中途這麼久呢？
唉，賓士貓比較不熱門吧，不過她的確很親人唷！

就這樣，決定將歐歐帶回家，成為春花家的一員。
我們家的哥哥都會讓弟弟先吃飽，自己才吃，妳不用擔心吃不到喔！

第一次有了妹妹的哥哥們。
有女生…
是女生…
…

雖然萌萌依然不喜歡別的小貓，但不會主動欺負歐歐。

歐歐初期也會警戒，
但春花很紳士，不會任意靠近。

直到歐歐比較能接受了，春花才會縮短距離。

甚至被打也不會還手。

溫柔
暖心

我也是女生啊，春花！

歐歐來了②
大胃女王

歐歐真的蠻會吃的喔，記得份量要準備多一些！
中途人

喔喔，一個罐頭馬上就要吃完了呢。
狼吞
虎嚥

咦？還要呀？那我再開一罐給妳喔。
剩下的再給哥哥們吃吧。
喵
喵

哇，連第二罐也快見底了！
埋頭
苦吃

妳還想吃！
不會太飽嗎？
喵
喵

這樣會不會
吃到吐啊？
再接
再厲

乾淨
溜溜

哇，還真不是
開玩笑的…

吃飽喝足

萌萌你們真的會等妹妹吃完才去吃耶，好貼心喔！

漸漸地，歐歐明白沒有別貓會跟她搶食，狼吞虎嚥的狀況也就好轉了。

不過由於習慣已經養成，之後歐歐仍然不太喜歡和大家一起吃飯，最後才會自己去吃。
※飯碗數量是貓口加一，
讓貓吃飯較沒壓力

如果遇到貓咪會搶食的情形，你還可以這樣做：
吃飽了？妳好棒喔！

吃飯時間先將貓帶到別的地方玩耍，等別貓吃得差不多了再加入。

噓，這是我們的小秘密喔
或放飯前先給予一些飼料墊肚子，吃飯時才不會吃得這麼急迫。

不要讓小貓有匱乏感是很重要的，安心吃飯，才能健康長大喔！
我也幫媽媽準備了食物喔！
……

歐歐來了③

天生麗質

自從解決了搶食問題，歐歐的性格也越趨穩定，成了一隻優雅恬靜的貓。

吃飯時，歐歐會等待大家吃完，自己最後才去慢慢吃。

而且、而且歐歐真的非常美！
連貓咪們都認證的美麗喔！

的確蠻美的。
算是漂亮啦。
很美！是女神！

姐姐還很帥氣唷！
不過我還是比較漂亮！

初次來借住的某貓
當然，還不乏有迷戀歐歐美色的**登徒子**。

妳好美呀！
妳叫什麼名字？我叫谷柑！
可以和妳做朋友嗎？
退後

欸，妳兒子第一次來我家，就這樣搭訕我女兒，是怎樣啊？
哇，他們兩小無猜好可愛呀！
蛤！

你不要一直靠過來！
躍上
等等我呀！

你走開啦！
大怒

你不要太超過喔！
哥哥出來護駕。

但是谷柑依然堅持不懈。
歐歐，我為妳寫了一首詩！
我唱歐歐之歌給妳聽好嗎？
歐歐的眼睛像星星一樣美！

有時還會遠距拜託萌萌或春花傳話。
春花弟弟，可不可以幫我問歐歐，今天心情如何呀？
不要。

歐歐，谷柑他想問妳，妳今天有沒有想念他？
無言
腦波很弱

阿咪阿來了①
爬行小貓
剛送出一隻小貓。
呼，最近送養狀況不錯，接下來可以輕鬆點了！
鈴
鈴
救命啊春花媽～～我們撿到一隻車禍的小貓！
HARU爸
話不要說得太早。
哇！這看起來傷得好重！
虛弱
對呀，她完全動彈不得趴在路上…不知道是不是因為傷口感染造成。
目前是尾椎部分比較嚴重，神經也有受損…我會盡力的！
拜託你了！

當時她名叫「咪阿」，只能拖著兩條後腿，辛苦地爬行。
向前
奮力

小心！咪阿！
為了別讓她受傷，地板與牆壁都舖了軟墊。

咪阿還無法用砂盆，這個尿布墊給妳當廁所。
喵

搖頭
晃腦
因為神經受損，咪阿的頭部會不停地晃動。

咪阿很棒喔，用力
吃飯才好得快！
埋頭
苦吃

明天帶妳去看神經
專科，相信可以治
好的！

很遺憾，受損的
神經沒辦法復原了，
可惜沒能在黃金時間
就處理⋯⋯

難道她這輩子只能
這樣，無法好好走路
了嗎？
爬

喵~~~
喵~~~

……
妳看
我好厲害

咪阿都這麼努力了，
我也不能放棄！

數週後
外傷都好很多了，至於走路…我覺得還是有機會，因為肌肉組織沒有壞死。
像這樣幫她提起胯骨，幫助站立，
提起
讓咪阿知道自己其實是可以站跟走路的。
喔喔！後腳踩到地了！
是呀，咪阿還是可以用後腳的喔！
踩
太好了，我回去會常常幫她練習！
經過不斷按摩與復健，咪阿漸漸可以用較有力的左腳輔助走路。
左搖
右晃
好棒喔！咪阿！

春花家陸續又中途了幾隻小貓，成了咪阿的好玩伴。

不穩
喵！

單單哥哥！
靠著我走吧！

咪阿在這麼有愛的環境長大，一定會越來越好的！

阿咪阿來了②
心裡的傷口

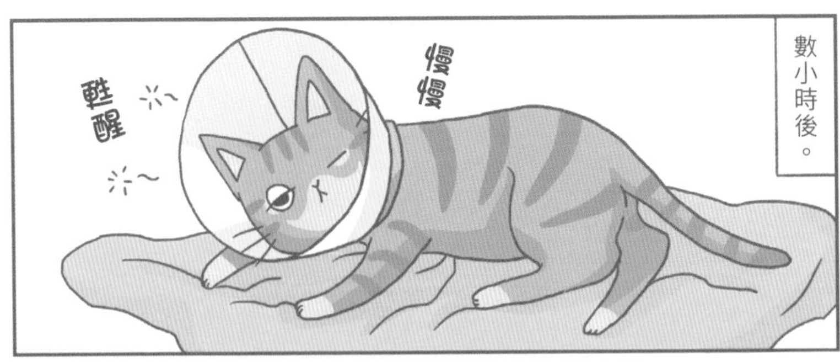

數小時後。
慢慢
甦醒

咪阿妳醒了呀，那我們就可以回家了！

麻醉退完妳就會感覺好點了，先休息一下吧。

奇怪…我的腳怎麼都沒感覺…？

喵～～～～
喵嗚～～～
？

我的腳呢～
腳去哪了？
快速
爬行

腳不見了～
砰
砰
用力甩

咪阿！別踢了！
會受傷的！

沒事的！妳的腳還在！
緊抱

妳別緊張，先待在這裡面好嗎？冷靜點。

讓我出去～
腳呢～

咪阿⋯⋯原來妳這麼害怕失去腳，
我一定要繼續想辦法讓妳變好！

結紮後，咪阿身體狀況漸漸穩定，
於是除了西醫，也開始嘗試針灸療法。
另外也進行靈氣治療、顱薦骨按摩等方式。

用力點啊，不然不放妳走喔！
夾住
妳很討厭！
咪阿終於一點一滴地進步成可以用右後腳使力。

疾行
快步
飯呢！
我餓了！

不久前才吃呢，
妳要控制體重，腳才不會太負擔！
不管啦！
飯！吃飯！
討吃時跑得特別快呢。

春花媽家日常一景

阿咪阿來了③ 誰來愛我

咪阿剛來春花家時。
撿到咪阿的 HARU爸
哈囉
你來啦！

其實…今天是想來跟妳說抱歉，
慎重考慮後，我想還是很難領養咪阿…

咪阿的情況，
實在需要特別多的照顧…
喵
當時咪阿被認為很可能是癱貓。

嗯…
我了解，我會再努力幫咪阿找認養人的。

數個月後。
咪阿，我們又來看妳了！

妳真的是越看越可愛呀！
真想早點把妳接回家呢！

這次看來很可能成功呢，太好了！
溫馨
熱鬧

等我們決定好回臺灣的日子，會再通知妳！
好的，再聯絡喔！

我的爸爸好高！
我的媽媽好美！
是呀，他們不久後
就會來接妳囉！

咪阿要努力
變健康，
去爸爸媽媽家！
嗯！

然而，事與願違。
抱歉，
因為現在確定
無法回臺灣⋯
好的⋯

對不起，
咪阿，
沒辦法讓妳去找
爸爸媽媽了⋯

咪阿…
離去

咪阿的送養過程一直不順利，

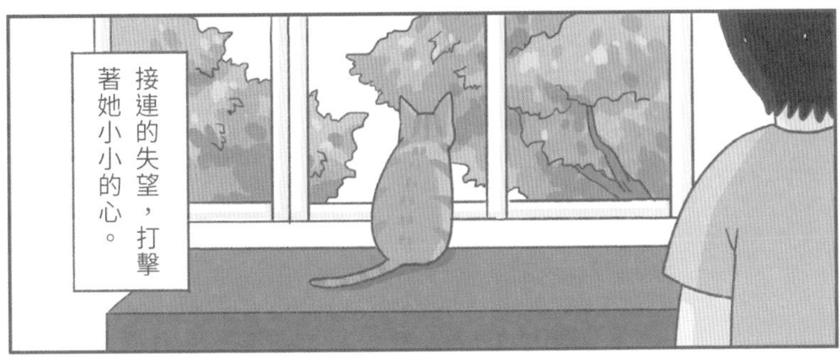
接連的失望，打擊著她小小的心。

決定了，
我要改名字！

咦？這麼突然，怎麼了呢？

我要改成會被喜歡的名字！
這樣就有人愛我了
咪醬？
元氣？
勇氣？
那妳想叫什麼名字呢？

嗯⋯我想想⋯

我要叫…
阿咪阿！

哥，你有聽到她說的嗎？
悄聲
她是說「阿咪阿」嗎？
跟本來的有差嗎
妳聽到什麼就是什麼，
不相信的話幹嘛問！

我是阿咪阿！
我最漂亮！
從此，改名叫做「阿咪阿」囉！

阿咪阿來了④
男朋友女朋友

我要跟他講話，妳幫我跟他說好嗎？
我嗎？
秋秋？好呀！

妳跟他說：
我喜歡他！

蛤？
喜歡？

他好帥喔！
是我看過最帥的人！

她說…
她喜歡你！
咦！
跳

阿咪阿，
妳喜歡我呀！
哈哈，原來你
是貓的菜！

她說，
你頭髮好好看、
鼻子好好看、
好高又好帥，
要你當她
男朋友。
講得我都
不好意思了

哇，真是謝謝妳
這麼喜歡我，
阿咪阿，
那我就當妳
男朋友吧！
蛤！

既然她這麼愛你，
你以後就常來
幫她復健吧。
好呀，
這當然
可以囉！

於是，這對人貓
展開了一段跨種
族的戀愛(？)。
加油
加油
用後腳喔

我帶了喜歡
的音樂來，
我們一起聽吧！

既然妳是秋秋
哥哥的女朋友，
那妳也當我的
女朋友吧！
本姑娘
心胸寬大
好呀。
真是愛屋及烏啊。

阿咪阿妳很偏心，
都沒說過愛我，
我這麼疼妳耶！

蛤？
妳好噁心！
看看自己的長相吧
跑
走
秋秋哥哥！

你幫我取一個名字好嗎？
只有你能叫。
好呀，叫做「北極星」如何呢？
是最閃亮的一顆星喔。
……

秋秋王子…
阿咪阿公主…
你們好煩人啊！

秋秋王子……
阿咪阿公主……

阿咪阿來了⑤

漫長的等待

雖然秋秋、圓圓很喜歡阿咪阿，

阿咪阿住在家裡的四年間，不曾喊過我媽媽，

也不會喊其他貓咪哥哥或姐姐。

直到…
阿咪阿，秋秋和圓圓準備要結婚了呢。
那是什麼？

就是…他們要一起共組家庭囉。
……
那我什麼時候才會有家呢？

阿咪阿…
這裡永遠都是妳的家喔，
我會一直愛妳、照顧妳的。

哼，我才不用妳愛我，
但妳要照顧我喔！
……

數月後。
妳看，秋秋和圓圓男帥女美呢！

我還訂做了兩個阿咪阿抱枕給他們，
就像妳也住進他們家一樣喔！

哼，那個很醜，哪有我這麼可愛！

對呀，妳最可愛，我最愛妳！
跳走
我才不要！噁心！

好啦，
我們來睡覺囉！
咯
咯
咯
咯
咯

妳幹嘛發出
怪笑聲，
抓來
在笑什麼？

……媽媽。
輕聲
蛤？

媽媽。

妳……
妳說什麼！
妳叫我媽媽？

妳再說一次！
……不對，
再說一百次！
才不要！

明天醒來，
也要記得我是媽媽喔！
不能騙我，
不然我心裡會破洞喔！

不要吵了！
睡覺！
妳腦子才破洞啦
最機歪的女兒歸隊囉！

春花媽有話想說

當不見面的朋友，好嗎？

有一種朋友，可以的話，一年見一次就好了，我平常也不會想他的，也希望一年見一個面，見完當下我們就乾淨俐落的掰掰了……雖然我現在一年跟這樣的朋友，要見個七到九次，但是這樣就好，已經是完美了。我有六貓仔、一狗姊，年齡從二三四五六七到疑似十歲，所以每個動物小孩，「每年都要健康檢查一次」心臟病的要看專科，膝蓋外翻跟眼睛要再另外確認狀況，所以我一年能休息三個月，不用見「醫生」，然後我就覺得家庭幸福美滿了！你有自己的家庭醫生嗎？你有找到信賴的動物醫生嗎？你希望小孩可以陪自己很久嗎？我希望很久很久……所以我需要這種朋友——醫生。我想聽懂他們說的話，讓我的孩子好，我才會更好。

那些惠我良多的動物醫生們

我現在長期去的三間醫院，其中有一位醫生，是我從養萌萌開始就看的醫生，醫生每年看到我，都會說「什麼！我們認識這麼久了？」他就是漫畫中，常會出現的「汎亞動物醫院的王堯徽醫生」。王醫生對我家最大的貢獻就是忍受春花媽到現在！哈哈哈哈哈！不開玩笑，我一開始真的是很雞歪的家屬，現在也不知道對他們來說是不是好一點？但是遇見王醫生的我們非常幸運，因為他每次怕我用很臭的臉問他：「你講什麼，我聽不懂」，大概一個病況會跟我解釋十種可能，一開始我真覺得這個醫生幹嘛講這麼多？嚇人啊！但是回到家後，反而可以更有效地排除問題，所以我每年都會期待醫生不要遇到我這種奧客，才可以長久的堅持下去當醫生。（好！我改我改）

另一位也是我們家從小看到大的，是目前人在香港與大陸執業的「心臟超音波專門醫生葉士平醫生」，因為無法帶小孩給他看，我都是假裝關心他，但是偷偷問他我小孩的問題，實在很不可取。但他若是有空還是會關心我家小孩一下，尤其是養到有心臟病跟神經異常的小孩，葉醫生提醒我關於動物醫療分科的重要性，也讓我在與動物生活的日常中，注意更多細節與健康檢查的品項理解。

還有另一位是「汎亞動物醫院的顏君如醫生」，除了我自己的小孩，心情有餘力我還是會當中途媽媽，多數的小孩都有腸胃的問題，顏醫生都能明快處理，然後排定必要檢查，讓我跟動物都在檢查過程中保障最大的安心，我真的覺得很幸運，因為帶動物去醫院，很難免不沮喪或是慌張，但是顏醫生總是可以讓我們準確地釐清問題，有效面對病症。

林政維醫生

王堯徽醫生

葉士平醫生

有意外時，知道要找誰幫忙

因為台灣的動物藥品管理更趨嚴格，很多動物用藥都受到嚴格的管理，所以我陸續嘗試在生活中使用中藥，一是因為我家裡有很多位慢性病的小孩，二是因為中藥是調理性質，不是因為生病才吃藥，也會降低孩子對於醫療行為的恐懼。我非常幸運地透過卷卷遇見了「芯安動物醫院的林政維醫生」，林醫生在面對孩子糾結的情況的時候，總是用多元方式處理，一方面解決比較外顯的問題，一方面也調理身體的平衡，讓動物在從疾病恢復的時候，也可以保障元氣，真的很重要阿！

其實還有碩聯動物醫院的邱院長榮鐸、跟專心動物醫院的虞醫生大立，與遠見動物眼科醫院的胡醫生德華，維康動物醫院的陳醫生薌如，杜瑪動物醫院的鐘院長昇樺提供很多動物營養學的諮詢……還有兩個以上的二十四小時醫院名單……

我不知道你是否也可以跟我一樣拉哩拉雜講一堆，這不代表小孩多病，而是表示你很清楚孩子的身體的狀況，你很清楚如果有意外，要去哪裡尋求幫忙，除了不離不棄，為了好的生活品質，這一點努力，我們做到，不用等到我們哭的時候，孩子痛苦地舔我們的眼淚，而是我們可以一起互揉對方的臉安養天年唷。

醫生這樣的朋友，遠遠的，一年一次好好地保持關係，規律的健康檢查就是我們最好的距離，願你也有這樣衷心守護你的朋友。

帶萌萌看醫生都會覺得很對不起醫生跟護士們

Chapter 2

在前往幸福的途中

從貓媽媽變成「貓中途媽媽」時，除萌力倍增之外，擔心指數也是直線上升！你倆知道嗎？多數需要人類照顧的幼貓，身體可能多半有問題，而問題的嚴重程度是到要與死神拔河的程度。另外中途貓也不能忽略本家貓的意願，這也是一大課題啊！

斷尾求生(上)
春花媽，這就是那隻車禍小貓。
這是春花家首位中途貓，「CAMA」的故事。
秋秋
圓圓
已經給醫生看過了，目前算是脫離危險。
哇，真的好小隻啊！
主要是尾巴和下半身受到損傷，可能會比較沒力。
好，我知道了，我會多多注意。
CAMA，你就先住在這裡面吧！

走近
嘿唷
嘿唷

春花，不可以欺負小貓喔。

舔

身為家裡第一隻中途的小小貓，CAMA備受關注，也開啟了春花的祼父開關。
好小…好可愛。
…

因受傷的關係，CAMA尾巴萎縮且無法控制。
加油加油，快站好囉！

喵！
跌
哇，又被尾巴甩到跌倒了！

嗯…其實他連結尾巴的神經已經受損，沒有反應了，可以考慮截斷。
嗚…
這樣是不是有點可憐呀？
妳可以回去再想想。

貓咪還小，手術後也可以很快復原，才不會繼續影響他的行動。
小貓給我
可是尾巴對貓的平衡好像很重要，
這樣真的好嗎？

某天⋯
喔？想要跳上椅子啊？

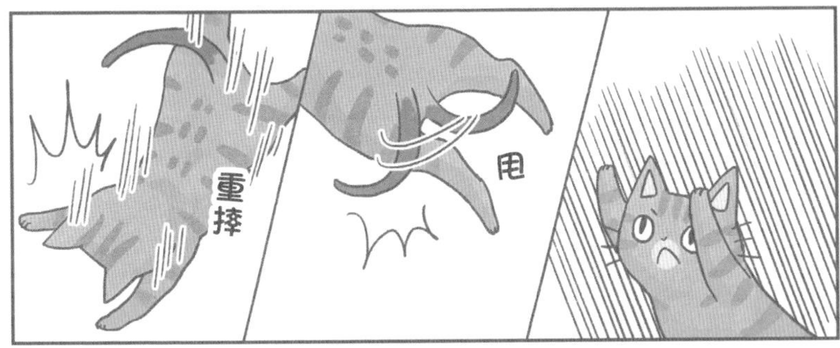
重摔
甩

你還好嗎！有撞到頭嗎？

最近尾巴顏色都變得黑紫了，還一直掉毛。
唉，看來不截掉好像不行呢⋯

斷尾求生（下）

幾經考慮後，終於決定讓CAMA進行斷尾手術。
拜託你們了。
沒問題！

手術結束。
老葉
老王
很順利喔！
太好了！謝謝你們！

院長
妳看，這是截下來的尾巴喔！
嘎啊啊啊啊！

磅
在醫院引起了一陣騷動。

不可以舔
傷口喔！
這是什麼
你也戴了
奇怪的裙子呀

因擔心沒有尾巴的CAMA走不穩，春花會陪他走路。

醫師們的醫術高超，只須注意傷口有沒有滲出組織液。
幹嘛一直
看我屁屁

不愧是小孩子代謝快，才一個月就恢復得差不多了呢。
轉身

少了尾巴的CAMA，看起來似乎更惹人愛了。
光芒四射
小帥弟
交給你了。
我會好好照顧他的！
後來送養給認識的學弟。
敢讓他過得不好就揍扁你。
是！
以後還有機會見面的，春花別沮喪唷。
哼 我才沒有

過年期間，CAMA回春花家過年假。
這幾天就麻煩妳了。
好久不見呀CAMA！

馬上就和春花黏在一起了啊！

你！給我過來。

誰允許你黏在春花旁邊的？蛤？
咄咄
沒教訓你就囂張了啊？
萌萌你是流氓呀！
逼貓

奶貓日記（上）

春花媽，我這邊救了一隻被狗咬傷的小貓，可以請妳幫忙顧一陣子嗎？
天啊！他還好嗎？
不好意思，要麻煩妳了…
好的，我來看看喔！
他被狗咬傷，好險有救回來。
哇，好小！這搞不好還沒斷奶耶！
但目前可能沒辦法好好站著和走路，以後應該要復健…
我之後會繼續養HARU的！

我會盡力照顧他的！
奶貓大作戰展開了。

因為沒有別的空間，HARU你就暫時住在這喔。

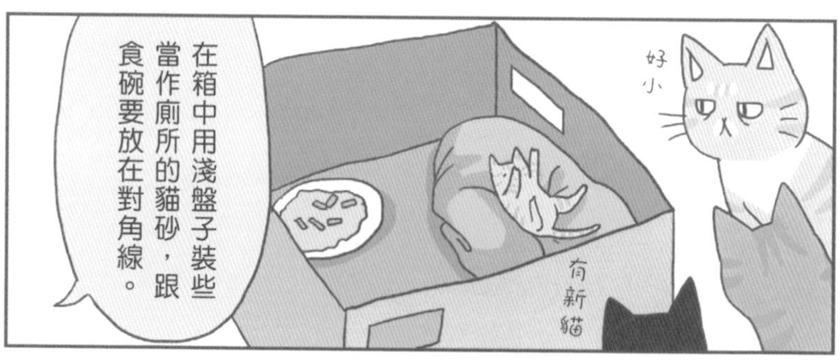
好小
在箱中用淺盤子裝些當作廁所的貓砂，跟食碗要放在對角線。
有新貓

暖呼呼的很好睡呢！
溫暖
溫暖

HARU來吃飯囉…
奶貓大約每2至3小時就需用專門的貓奶餵食一次。

慢慢
輕推
慢慢吃喔，不要著急。

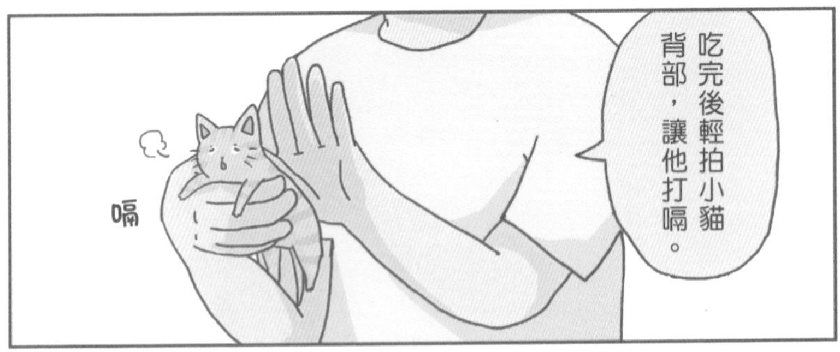
吃完後輕拍小貓背部，讓他打嗝。
嗝

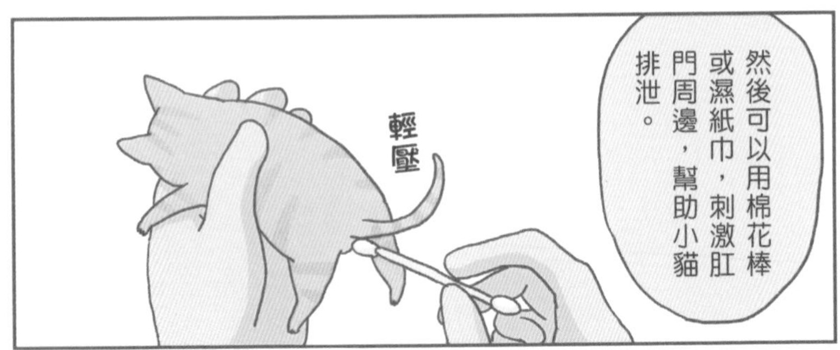
然後可以用棉花棒或濕紙巾，刺激肛門周邊，幫助小貓排泄。
輕壓

HARU堪稱春花褓父史裡頭最備受寵愛的一隻，兩隻最愛頭靠著頭睡覺。

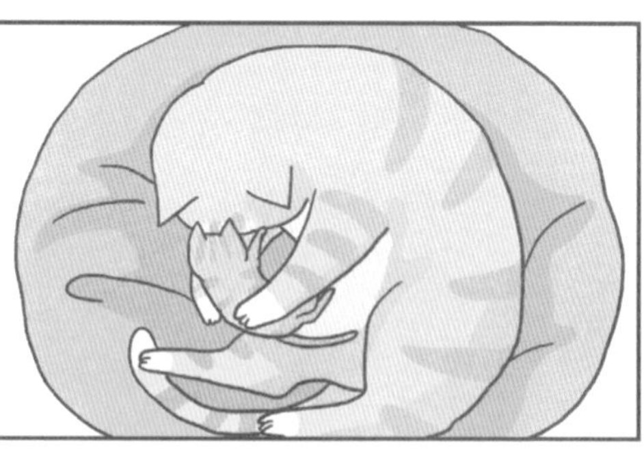

奶貓日記(下)

我清
我舔

在春花的細心照顧下，HARU順利地長大了呢！

嗯⋯傷已經好得差不多了，但是走路還不太穩，要好好做復健喔！
好的！

復健方式是讓HARU從25到30公分高的地方往下跳到軟墊上，反覆三十次。
加油！

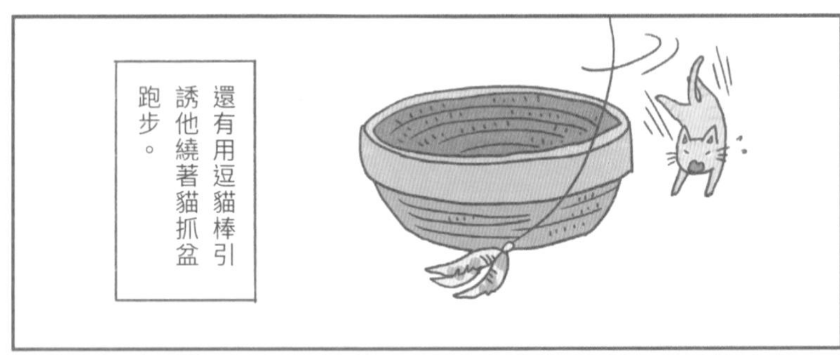
還有用逗貓棒引誘他繞著貓抓盆跑步。

好累，我不要跳了！
咪
咪
咪
不行啦，你還沒做滿次數喔！

不要再逼他了！他累了！
春花你太寵HARU了啦！

蟲蟲危機（上）

貓王，妳這陣子就先自己住這間喔！
咪
咪

這次中途的「貓王」是個小女生，個頭小小肚子卻很大，因為有寄生蟲。
妳在用小貓的飯嗎
我在準備小貓的驅蟲藥啦。

有在外活動過的動物很容易中標寄生蟲，
所以撿到新的動物時，一定都要驅蟲。

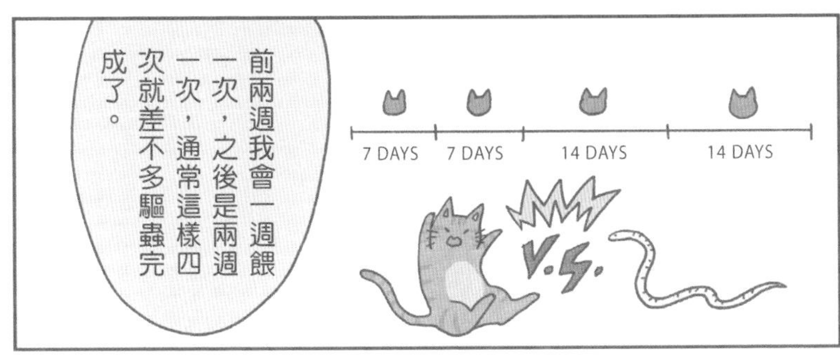
7 DAYS
7 DAYS
14 DAYS
14 DAYS
V.S.
前兩週我會一週餵一次，之後是兩週一次，通常這樣四次就差不多驅蟲完成了。

因為貓王還小，
所以只能使用基
本的口服軟膏。

兩週後
經過身體檢查與隔離
期，可以讓貓王出來
和大家相處囉！
哥哥
哥哥

原來很放心貓王和
大貓們相處融洽，
沒想到⋯
歐歐大便了呀，
來清理吧。

天呀！歐歐的
大便怎麼帶血！

檢查的結果如何呢⋯
最近妳們家是有新貓嗎？

※球蟲有專屬的檢驗方式
歐歐中了球蟲。
晴天
霹靂
什麼！

結果原來罪魁禍首就是肚子依然大大的貓王。
你是誰？

貓王已經驅蟲好幾次，卻還清不乾淨，我想可能是因為她的腸子皺褶特別多，蟲卵都卡在裡面才這樣。
蛤！

看來得餵所有貓咪吃球蟲藥啊，這下可難辦了。

由於球蟲藥實在太苦了，貓咪們恨之入骨，甚至吃到口吐白沫。

後來只要一發現我在準備拿藥，所有貓咪都不見蹤影。
空無
一貓

拜這位小美女所賜，從此之後只要接新貓，對於驅蟲、糞檢與隔離我都做得更加徹底，避免發生交叉感染的問題。
在說我嗎？
什麼？

蟲蟲危機（下）

貓王，今天我要來帶你回家囉！
咪

要乖乖聽媽媽的話唷！
中途了五個月後，一位朋友領養了貓王。

記得回去後還是要持續觀察有沒有寄生蟲，繼續驅蟲唷。
翻
滾
沒問題，我會好好注意的！

貓王來點驅蟲藥囉。
後來貓王持續驅蟲兩個月，才終於把蟲清乾淨。

幾個月後
我懷孕了！
哇！太棒了，恭喜妳！

我以後會好好照顧妹妹的！
孝順的貓王

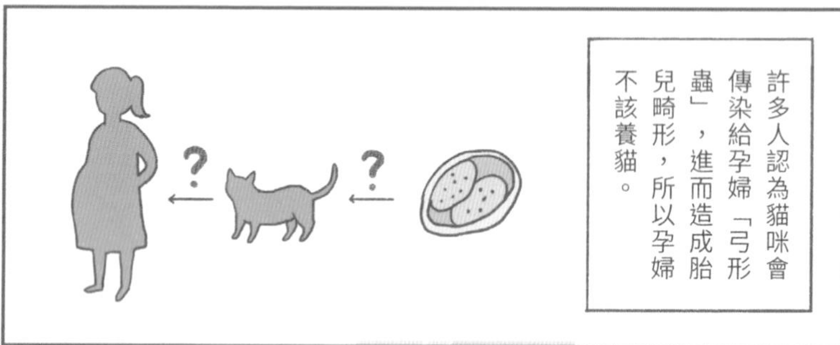
許多人認為貓咪會傳染給孕婦「弓形蟲」，進而造成胎兒畸形，所以孕婦不該養貓。

其實感染弓形蟲要過程是很複雜的，沒有這麼容易喔！
沒事不要吃大便呀！
孕婦只要避免接觸貓大便，勤洗手，注意環境及飲食的衛生，就沒問題了！

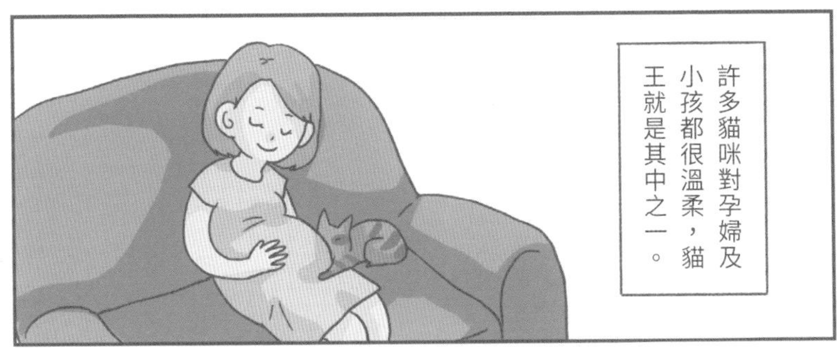
許多貓咪對孕婦及小孩都很溫柔，貓王就是其中之一。

寶寶出生後。
喵！喵喵！
該餵寶寶了
早呀……妳真是準時的鬧鐘呀，謝謝妳！

哇！妳現在都會幫忙殺死小蟲耶！好厲害！

真的是個貼心的好孩子呢！

調皮鬼(上)

隔天，言言媽來電。
嗨春花媽，在忙嗎？
還好，怎麼了嗎？
我跟言言在附近遇到一隻小貓，一起來餵好嗎？
……

小朋友，來吃好吃的罐罐吧！
喵
這就是該來的躲不掉吧…

幾天後
天啊，我們放在這的罐頭，怎麼被撒怪東西！
顏色看起來好像是下毒呀！

不行，我想還是先把他帶回家吧。
咪
咪
嗯，只好這樣了。

洗乾淨之後變得好帥氣呢！
取名為單單

剛吃完飯，你們不要跳啦！
我跳
我飛

哇，你還會爬樓梯上床，真有才華啊！
我最厲害

不要搶嬰兒的食物啦！
哈哈哈！家裡有小孩子真熱鬧！

調皮鬼（下）

抓
抓
抓

擠
擠
單單，你又在幹嘛啦？

你整天就想往外溜欸！
喀
喀

啊哈哈哈哈！單單好笨！
夾縫
求生
快拍下來！好可愛！

你太嫩了！
竊竊
私語
咦？難得看到萌萌願意主動親近別的小貓耶。
幾小時後
大家來吃飯囉！咦？萌萌跟單單兩隻呢？
萌萌啊！
單單！你們在哪？
該不會開窗跑出去了吧？
萌萌！

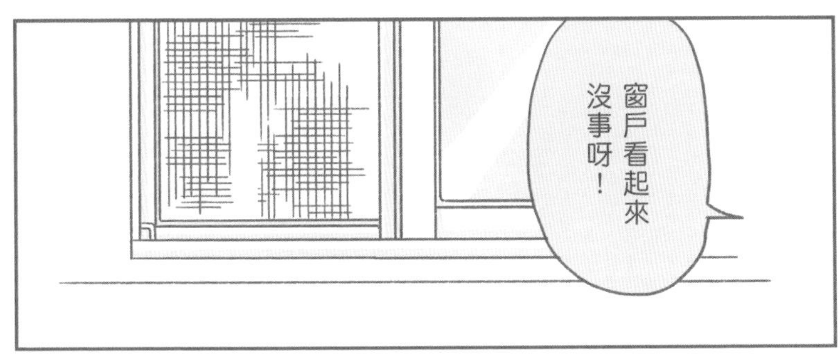
窗戶看起來沒事呀！

四處
這邊房間我都看了，沒找到！
找尋
奇怪，真的沒跑出去嗎⋯

等等⋯總覺得哪裡怪怪的。

啊！紗窗邊邊被弄開了！
竟然還偽裝回原樣

春花媽的《有愛大聲講：那些貓才會教我的事情》一書中，有單單的完整版故事喔！

春花媽家日常一景

春花媽有話想說

請先想好，再撿貓

基於我家的貓都長太大，所以中途多是斷奶貓或是幼貓！

（真心話：才怪！是我根本不知道為什麼，都是幼貓一直來！）

我有中途的印象以來，我多數都是從幼貓開始照護，說實在也奇怪，家裡的貓就會自動出現照顧幼貓的貓：春花很像個爸爸，會督促小孩吃東西，會看他們大便，胖咪會跟小孩玩，會陪睡覺，兩個大貓咪都會幫忙舔小孩，所以缺乏貓媽媽的情況下，到我家的小貓還是完成了社會化的過程，也因為我家是多貓，所以大家被教化得很徹底？

但是可以的話！請不要隨便的撿貓，當然狗啊、鳥啊、蝙蝠啊、夜鷹啊都不要隨便撿，好嗎！如果不知道怎麼判斷，可以先原地觀察，然後拍影片或是照片，傳訊息給相關單位問問，但是如果觀察不夠周詳就撿起來了，您知道，台灣多數的收容單位都「超收」很久了嗎？

也就是說，「你救了……但是沒有想好後續處理」，動物醫院不是理所當然要幫你，各個流浪動物的協會多數都飽和，零安樂的措施還沒落實，你願意送公立收容所嗎？所以當我們還有一絲絲機會，讓母貓帶回小貓的時候，我們要讓我們的慈悲有點耐性，野生動物的事情能夠回到動物本性來處理，其實是最圓滿的。

你們知道嗎？

奶貓跟奶孩子一樣，二、三個小時就要起來餵他吃一次奶奶，每次餵奶都希望他可以自然吸奶，不然被弄得不爽吐又不吃，真的是很讓人揪心又擔心活不下去，然後還要催尿催便，少哪一個都要擔心他可能正在壞掉，還有吃完飯要拍背，讓多餘的空氣出來，然後注意保暖，也要注意活動力，但是又不可以不讓他好好睡覺長大，真的跟看顧人類小孩一樣，你無法不注意他的肚皮，看他是否在呼吸，並且就算看到了起伏，還會想要拿玻璃片去看他鼻孔真的有噴氣嗎……

離開媽媽的小孩是如此脆弱無依，而當我們人類能夠做的有限的時候，幼貓的離世是屢見不鮮的事情，如果一份救援換來一次傷痛的離別，是不是在我們自以為「救」之前，要想想我們「救生還是救死？」

每個人都有自己帶小孩的方式，我中途雖然多數是小貓，我也不覺得我的經驗就是絕對可靠的，所以我想分享的是「救援前請三思」，決定出手介入生命「請想好後續處理」，讓讓你的真心放水流，愛是一連串具體行動後累積才能顯化的感情，謝謝你祝福平安。

貓，請多指教

今天就是我們相愛的開始①

作者　Jozy、春花媽
封面題字　馬該
編輯　林憶欣
校對　林憶欣、徐詩淵
封面設計　Jozy
美術設計　曹文甄

發行人　程顯灝
總編輯　呂增娣
主編　徐詩淵
資深編輯　鄭婷尹
編輯　吳嘉芬、林憶欣
美術主編　劉錦堂
美術編輯　曹文甄、黃珮瑜
行銷總監　呂增慧
資深行銷　謝儀方、吳孟蓉
發行部　侯莉莉
財務部　許麗娟、陳美齡
印務　許丁財

出版者　四塊玉文創有限公司
總代理　三友圖書有限公司
地址　106台北市安和路二段二一三號四樓
電話　(02) 2377-4155
傳真　(02) 2377-4355
E-mail　service@sanyau.com.tw
郵政劃撥　05844889 三友圖書有限公司

總經銷　大和書報圖書股份有限公司
地址　新北市新莊區五工五路二號
電話　(02) 8990-2588
傳真　(02) 2299-7900

製版印刷　卡樂彩色製版印刷有限公司

初版　二〇一八年八月
定價　新台幣二五〇元
ISBN　978-957-8587-36-6（平裝）

有愛大聲講：那些貓才會教我的事情

作者：春花媽／插畫：Jozy
定價：350元

讓動物溝通師春花媽，透過一則又一則的溝通故事，在噴飯與噴淚間，告訴你毛孩子的心裡話，還有最體貼的毛孩養育觀念。

幸福的重量，跟一隻貓差不多：我們攜手的每一步，都是美好的腳印

作者：帕子媽／定價：320元

這是一本動人的散文集，更是帕子媽寫給毛孩子的情書。書裡有愛有情有淚，有遺憾，有美好，都留下了美好的腳印。

世界因你而美好：帕子媽寫給毛孩子的小情書

作者：帕子媽／定價：320元

一位醫師娘，一個總是關心毛孩的女子，爬屋頂，進水溝，縱使面對困境，只要想到還有孩子在那裡，她就有克服一切的勇氣！

奔跑吧！浪浪：從街頭到真正的家，莉丰慧民V館22個救援奮鬥的故事

作者：楊懷民、大城莉莉、張國彬（Vincent Chang）／定價：300元

毛孩子傷痕累累的身體，以及受傷的心靈……都在楊懷民、大城莉莉以及張國彬（Vincent）滿滿的愛之下，一步步找回笑容。

想和貓咪說說話：那些貓咪不說你不會懂的73個祕密

作者：野澤延行
譯者：陳柏瑤／定價：270元

究竟，貓咪到底在想什麼？由觀察貓咪20年以上的日本知名動物醫院院長來告訴你，那些人與貓需要互相了解的事。

喵。和我一起說貓話：了解貓咪在想什麼的84種方法

作者：春山貴志
譯者：緋華璃／定價：250元

從歡欣迎接毛小孩到陪他走過最後的路，讓作者春山貴志，教你如何愛護最最親愛的同伴動物。

出發，閱讀和旅行都跟他們一起

出發！帶毛小孩去民宿住一晚：全台42家寵物友善民宿之旅

作者：葉潔如／定價：360元

與最親密的夥伴毛小孩一同出門旅行，是多麼幸福的事啊！作者帶著自家毛小孩實地走訪全台灣42家寵物友善民宿，探訪不同主人與毛孩間的故事。

和日本文豪一起尋貓去：山貓先生、流浪貓、彩虹貓、賊痞子貓……一起進入貓咪的奇想世界

作者：柳田國男、島木健作等

譯者：林佩蓉／定價：280元

跟著柳田國男觀察流浪貓、與宣稱不愛貓的寺田寅彥臣服於家貓的成長、隨宮澤賢治認識煩惱的山貓老大……

喵 我不胖，好吃的給我拿過來：痞子貓阿條的美食生活

作者：群 陽子

譯者：小陸／定價：280元

電影《海鷗食堂（かもめ食堂）》原著者群陽子的療癒系力作，家中有毛小孩、對動物充滿愛的你絕不能錯過。

喜悅，和毛孩一起沉浸在畫中世界

為了與你相遇：100則暖心的貓咪認養故事

作者：蔡曉琼（熊子）

定價：350元

每一隻街貓，都有一個不為人知的過去……透過溫暖的畫筆與感性的文字，與你分享貓與愛相遇的真實故事。

如果，一個人

作者：小智（Trista）

定價：350元

為了被大家接納，戴在臉上的面具，好久都沒有拿下來了；真實的自己，被隱藏了多久了呢？

太太先生之不管神隊友還是豬隊友，你就是我一輩子的牽手！

作者：馬修／定價：280元

7年來堅持每天畫下與太太之間的生活點滴，即使出門旅行，也要帶著紙和筆，甚至開了粉絲頁……

廣　告　回　函
台北郵局登記證
台北廣字第2780號

地址：　　縣/市　　鄉/鎮/市/區　　路/街

段　巷　弄　號　樓

三友圖書有限公司 收

SANYAU PUBLISHING CO., LTD.

106　台北市安和路2段213號4樓

「填妥本回函，寄回本社」，即可免費獲得好好刊。

粉絲招募歡迎加入
臉書／痞客邦搜尋
「三友圖書-微胖男女編輯社」
加入將優先得到出版社
提供的相關優惠、
新書活動等好康訊息。

四塊玉文創╳橘子文化╳食為天文創╳旗林文化
http://www.ju-zi.com.tw
https://www.facebook.com/comehomelife

【黏貼處】對折後寄回，謝謝。

親愛的讀者：

感謝您購買《貓，請多指教 1：今天就是我們相愛的開始》一書，為感謝您對本書的支持與愛護，只要填妥本回函，並寄回本社，即可成為三友圖書會員，將定期提供新書資訊及各種優惠給您。

姓名＿＿＿＿＿＿＿＿ 出生年月日＿＿＿＿＿＿＿＿

電話＿＿＿＿＿＿＿＿ E-mail＿＿＿＿＿＿＿＿

通訊地址＿＿＿＿＿＿＿＿

臉書帳號＿＿＿＿＿＿＿＿

部落格名稱＿＿＿＿＿＿＿＿

1 年齡
□ 18 歲以下 □ 19 歲～ 25 歲 □ 26 歲～ 35 歲 □ 36 歲～ 45 歲 □ 46 歲～ 55 歲
□ 56 歲～ 65 歲 □ 66 歲～ 75 歲 □ 76 歲～ 85 歲 □ 86 歲以上

2 職業
□軍公教 □工 □商 □自由業 □服務業 □農林漁牧業 □家管 □學生
□其他＿＿＿＿＿＿＿＿

3 您從何處購得本書？
□博客來 □金石堂網書 □讀冊 □誠品網書 □其他＿＿＿＿＿＿＿＿
□實體書店＿＿＿＿＿＿＿＿

4 您從何處得知本書？
□博客來 □金石堂網書 □讀冊 □誠品網書 □其他
□實體書店＿＿＿＿＿＿＿＿ □ FB（三友圖書 - 微胖男女編輯社）＿＿＿＿＿＿＿＿
□好好刊（雙月刊） □朋友推薦 □廣播媒體

5 您購買本書的因素有哪些？（可複選）
□作者 □內容 □圖片 □版面編排 □其他＿＿＿＿＿＿＿＿

6 您覺得本書的封面設計如何？
□非常滿意 □滿意 □普通 □很差 □其他＿＿＿＿＿＿＿＿

7 非常感謝您購買此書，您還對哪些主題有興趣？（可複選）
□中西食譜 □點心烘焙 □飲品類 □旅遊 □養生保健 □瘦身美妝 □手作 □寵物
□商業理財 □心靈療癒 □小說 □其他＿＿＿＿＿＿＿＿

8 您每個月的購書預算為多少金額？
□ 1,000 元以下 □ 1,001 ～ 2,000 元 □ 2,001 ～ 3,000 元 □ 3,001 ～ 4,000 元
□ 4,001 ～ 5,000 元 □ 5,001 元以上

9 若出版的書籍搭配贈品活動，您比較喜歡哪一類型的贈品？（可選 2 種）
□食品調味類 □鍋具類 □家電用品類 □書籍類 □生活用品類 □ DIY 手作類
□交通票券類 □展演活動票券類 □其他＿＿＿＿＿＿＿＿

10 您認為本書尚需改進之處？以及對我們的意見？
＿＿＿＿＿＿＿＿

感謝您的填寫，

您寶貴的建議是我們進步的動力！

【黏貼處】對折後寄回，謝謝。